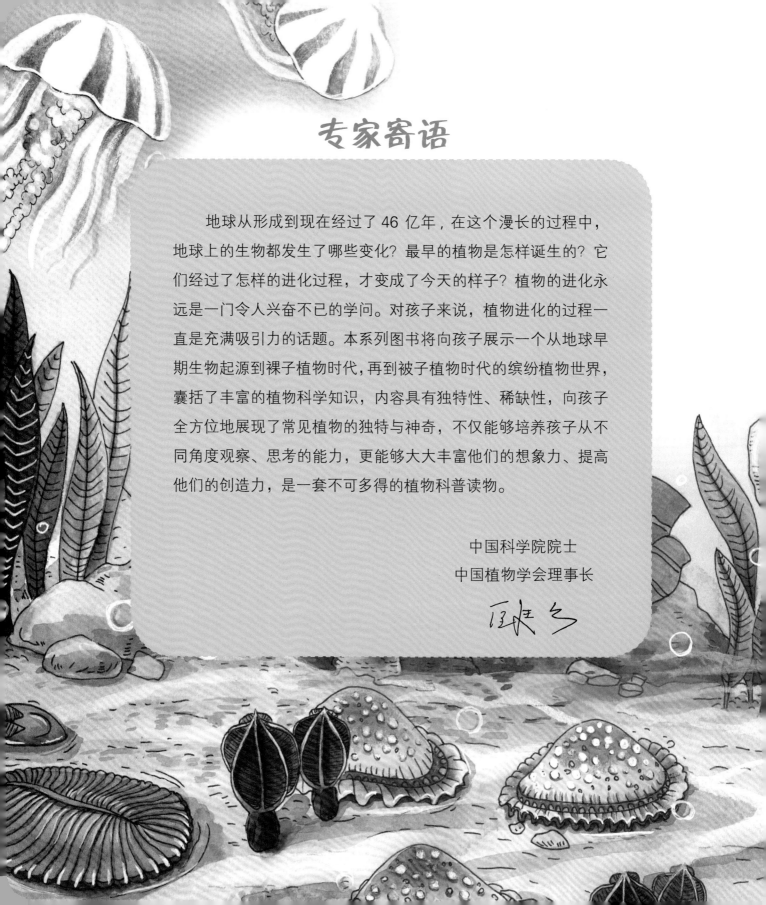

# 专家寄语

  地球从形成到现在经过了 46 亿年，在这个漫长的过程中，地球上的生物都发生了哪些变化？最早的植物是怎样诞生的？它们经过了怎样的进化过程，才变成了今天的样子？植物的进化永远是一门令人兴奋不已的学问。对孩子来说，植物进化的过程一直是充满吸引力的话题。本系列图书将向孩子展示一个从地球早期生物起源到裸子植物时代，再到被子植物时代的缤纷植物世界，囊括了丰富的植物科学知识，内容具有独特性、稀缺性，向孩子全方位地展现了常见植物的独特与神奇，不仅能够培养孩子从不同角度观察、思考的能力，更能够大大丰富他们的想象力、提高他们的创造力，是一套不可多得的植物科普读物。

中国科学院院士

中国植物学会理事长

植物进化史

# 植物起源与
## 藻类演化

匡廷云 郭红卫 ◎编
吕忠平 谢清霞 ◎绘

吉林出版集团股份有限公司 | 全国百佳图书出版单位

# 地质年代与生物演化阶段表

泥盆纪

4 亿 1000 万年前

志留纪

4 亿 4300 万年前

奥陶纪

4 亿 9000 万年前

寒武纪

约 46 亿年前

150 亿年前，宇宙诞生了，地球作为宇宙中的一颗行星，起源于约 46 亿年以前的原始太阳星云。从地球诞生到地球生命的出现，这期间经历了几十亿年的大演变。

震旦纪

6 亿 8000 万年前

5 亿 4300 万年前

3 亿 5400 万年前

石炭纪

2 亿 9000 万年前

二叠纪

2 亿 4800 万年前

三叠纪

2 亿 600 万年前

侏罗纪

1 亿 3700 万年前

在 258 万年前的第四纪，地球生物界的面貌已接近于近现代。哺乳动物的进化相当惊人，人类的出现也成为第四纪最重要的标志。

第四纪

258 万年前

新近纪

2330 万年前

古近纪

6500 万年前

白垩纪

# 目 录

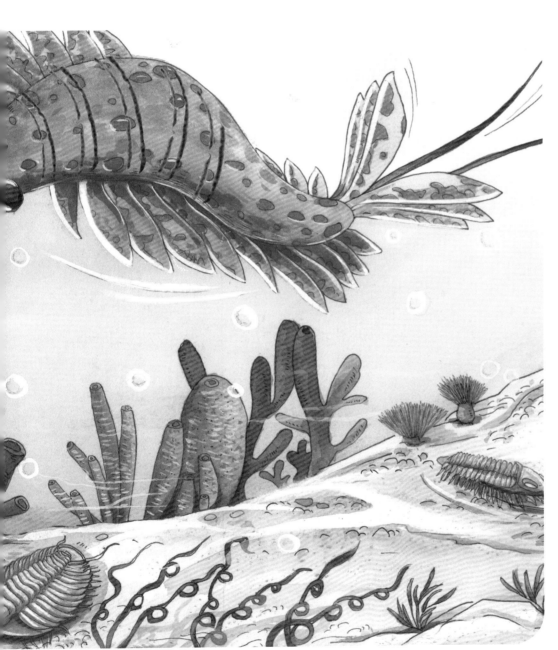

# 了不起的光合作用

3

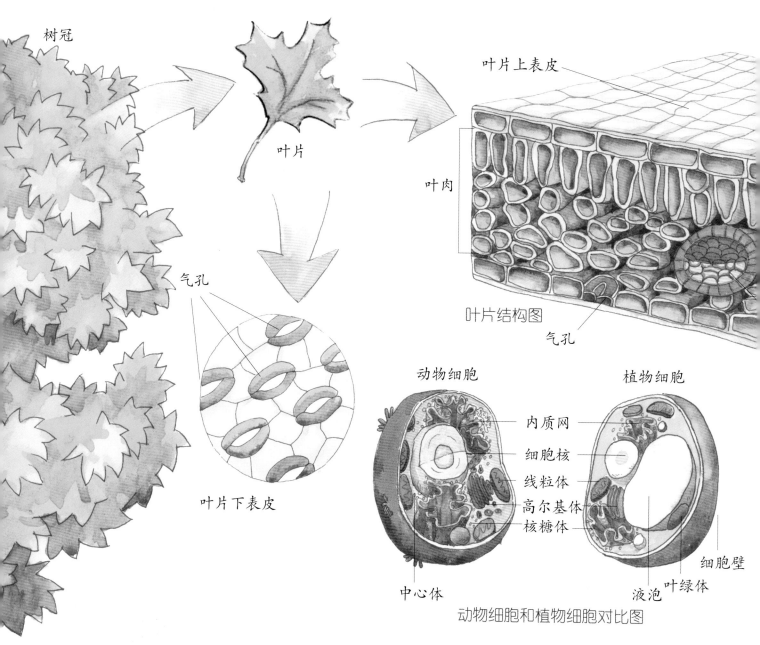

树冠

叶片

气孔

叶片下表皮

叶片上表皮

叶肉

叶片结构图

气孔

动物细胞

植物细胞

内质网

细胞核

线粒体

高尔基体

核糖体

中心体

液泡

叶绿体

细胞壁

动物细胞和植物细胞对比图

　　叶片是植物进行光合作用的主要器官，叶片最中间的部分是叶肉，叶肉上下各覆盖有一层表皮，背向阳光的下表皮有许多气孔。叶肉中的叶脉很像中空的导管，既负责输送水分等各种物质进出叶子，又像伞的骨架一样支撑着叶面。叶肉细胞中有一个特别的细胞器叫作叶绿体，光合作用正是在这里进行的。

大部分植物是绿色的，因为叶绿体中含有叶绿素，这是一种能吸收太阳光的色素。植物通过根部吸收水分，通过叶片的气孔吸收空气中的二氧化碳。被叶绿体吸收的太阳能，一部分用于分解水并释放氧气；另一部分则用于以二氧化碳作为原料合成植物生长所需要的糖分。植物将糖分留下，再通过气孔将氧气释放到大气中，这就是光合作用的过程。

叶片下表皮

叶脉

只要有叶绿体，光合作用就可以进行。

而且有些植物生来就是红色、褐色的。

秋天树叶会变黄，这样植物就不能进行光合作用了吗？

除了叶绿素，叶绿体中的类胡萝卜素也能吸收阳光，它们是黄色和红橙色的色素。春夏之际，叶绿素的数量大大超过类胡萝卜素，所以叶子看起来绿油油的。秋天，树叶中的叶绿素被快速分解，叶绿素减少，叶子中类胡萝卜素的颜色就显现出来，所以叶子会变黄、变红。植物的枝干中也含有叶绿素，即使叶子没了，光合作用仍在进行。

植物制造了人类需要的氧气，而我们呼出的二氧化碳又被植物用来进行光合作用。所以，人类与大自然相互依存。

5

# 地球环境与植物起源

大约在 45.7 亿年前，我们的太阳刚刚形成，围绕太阳旋转的新生行星有 100 多颗。地球是其中之一，它还在探索着自己的轨道。一颗火星大小的行星忒伊亚，以比子弹快得多的速度向它飞来。两颗新生的行星正面碰撞，忒伊亚彻底粉碎，融入地球的躯体。巨大的撞击让地球的一部分飞向太空，重新聚集成一个新的天体，围绕地球运行，就这样，月球诞生了。

地球上有这么多的植物，它们分别是什么时候出现的呢？

想了解这个问题，得从我们这个星球诞生的时候说起……

行星忒伊亚与地球相撞，这次事件被称为"大碰撞"。

月球是由地球被撞击后飞溅出的部分所形成的。

无数携带冰块的彗星和陨石撞击原始地球。

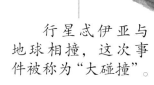

地球表面的岩浆逐渐冷却下来，凝固成硬壳，那就是地壳。铁和镍等金属沉到地心深处，形成炙热的地核。但地壳之下从不平静，火山不断将熔岩和各种气体喷向空中，在原始的大气里形成云，化为上千年的暴雨。在这段时间里，各种彗星和小行星依然不断撞向地球，它们当中有许多携带着大量的冰。来自外太空的水就以这样的方式留在了地球上，并和地球上原有的水一起逐渐填满了地表凹陷处，日积月累就形成了早期海洋。

# 地球上最初的生命

原始海洋水温接近沸腾，海底还在不断喷出被地心岩浆加热至300℃的高温海水。高温海水从地底带出的矿物质在喷出口越积越高，像是竖起了一根根烟囱。天空电闪雷鸣，雷电不断击打着巨浪滔天的海面。大气中几乎没有氧气，陆地在日光的强烈辐射中像要燃烧起来似的。在这样看似可怕的环境中，日后组成地球生命的物质逐一诞生，并随着雨水向海洋中聚集，将海水变成了高浓度的"原始汤"，无数分子在其中进行着随机的化学反应。约36亿年前，当海洋覆盖了地球的大部分表面时，地球环境变得更加稳定，最原始的生命终于诞生了。

你能想象吗？目前发现的地球上最古老的生命形态居然是细菌。它们的身体只是由一个细胞构成的。一些紫色和绿色的细菌开始利用无穷无尽的日光和海水中的硫，为自己制造生长繁殖所需的能量。后来，一种新的单细胞生物出现了，它利用原始大气中超浓的二氧化碳，加上取之不尽的日光，制造所需要的糖分，并将氧气作为废弃物排出，这就是蓝藻。

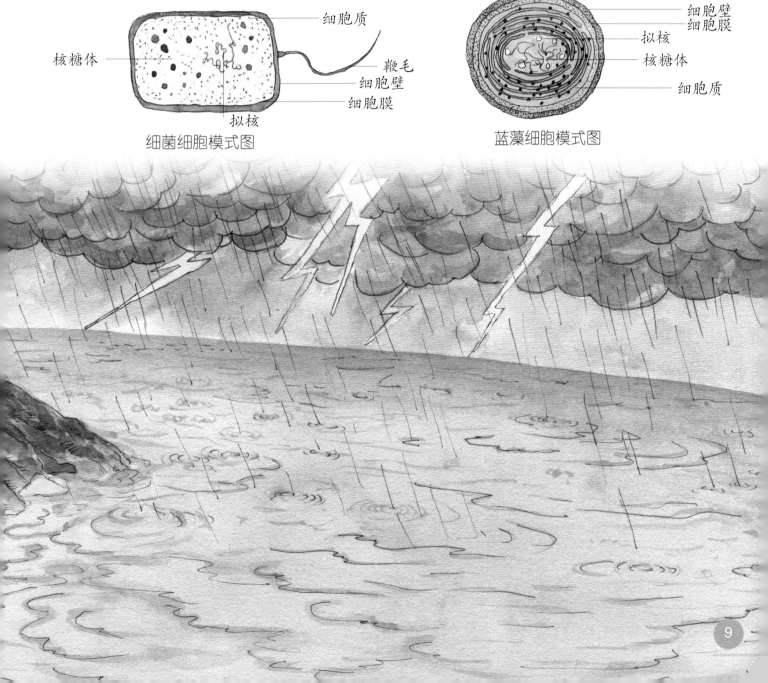

细菌细胞模式图

核糖体
细胞质
鞭毛
细胞壁
细胞膜
拟核

蓝藻细胞模式图

细胞壁
细胞膜
拟核
核糖体
细胞质

　　蓝藻和细菌等微生物大量分布在温暖的浅水中，覆盖在海底沉积物的表面形成垫层。每隔一段时间，新的沉积物覆盖在这些微生物表面，它们就会向上迁移，追逐着阳光又形成新的垫层。随着时间的流逝，有微生物附着的地方越垫越高，形成了独特的形状，这就是叠层石。微生物将这项工作一直进行到了现在，世界上少数地区依然存在正在形成中的叠层石。

叠层石局部切面

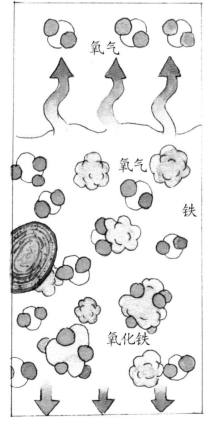

切开叠层石，结构是一层一层的。

# 大氧化事件

原始海洋中富含铁，蓝藻进行光合作用产生氧，使海水中的铁不断被氧化，变成红褐色的铁锈沉淀。蓝藻越来越多，它们产生的氧也越来越多。直到海水中铁已经不足够被氧化成铁锈，氧气便逸出海面，进入大气，并经过一系列化学反应在高空形成臭氧层，吸收了大部分太阳紫外线的辐射，保护着生命的摇篮。这个过程被称为"大氧化事件"。

氧气

氧气

铁

氧化铁

1. 蓝藻产生氧，氧与铁反应生成铁锈向下沉淀。氧气向上逸出海面。

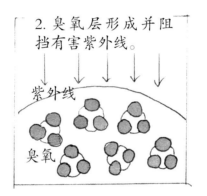

2. 臭氧层形成并阻挡有害紫外线。

紫外线

臭氧

3. 海洋中那些铁和氧气发生反应变成的红色铁锈沉淀到海底，形成赤铁矿。

植被

裸露的缟状铁矿床

4. 人们发现了铁矿，并学会了用铁打造各种器具。

# 冰期萌生新生命

距今约 26 亿年前，地球原始大气中充满了二氧化碳和甲烷，它们能像温室一样截获日光的热能，让空气保持高温。数亿年间，蓝藻消耗着二氧化碳，不断释放氧气，彻底改变了环境，却引发了两个大问题：最初的生命是在缺氧环境下诞生的，氧气对这些古细菌来说是毒气，"大氧化事件"直接导致了大量的古细菌灭绝。

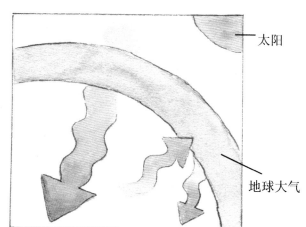

太阳

地球大气

残存的古细菌藏身在冰川、地下热泉和深海火山口，直到现在，它们仍然顽强生存着。

这时候，地球上还没有诞生能够大量消耗氧气的生物。蓝藻释放的氧气在大气中越积越多，二氧化碳和甲烷却得不到补充。这就像打碎了温室的"玻璃"，使得全球气温不断下降，海水开始结冰，曾经炽热的地球表面大部分被冰雪覆盖。

随着寒冷降临，新生的各种微生物逐渐无法正常地维持生命，蓝藻也不能再进行光合作用。当温度低至冰点，它们开始大量死亡。这场"灾难"直到 3 亿年后才结束，那时候，海中的环境已经大为不同，蓝藻也结束了它们的黄金时代，另一些新的生命形式正要登上舞台。

可以这么说。当然，蓝藻并没有灭绝。现在地球上依然有许多种蓝藻，有的维持着单个细胞独立生活的方式，有的会集合起来并且在外部裹着胶质；有的蓝藻甚至被人类食用，比如……

所以蓝藻产生的氧气不但杀死了太古时期的厌氧细菌，还险些让自己灭绝？

我忽然觉得这碗甜品吃起来有点不一样了。

# 学会捕捉光

地球的第一个冰期持续了 3 亿年，之后火山频繁爆发，释放的热量消融了冰雪。许多新的山脉隆起，各种细菌和蓝藻在漫长的岁月里分化成越来越多的种类。一些蓝藻聚集成群以方便共享养料，还有一些微生物主动吞噬其他微生物，成为地球上第一批掠食者。

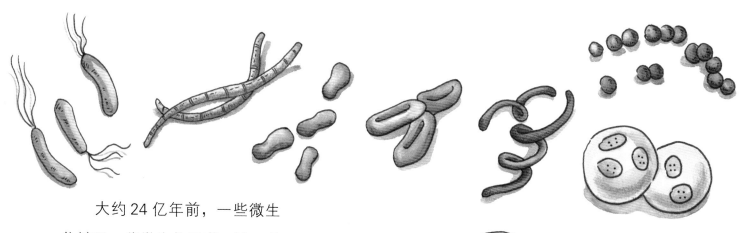

大约 24 亿年前，一些微生物被另一些微生物吞噬，被吞噬的微生物没有被消化，而是在宿主体内继续存活，成了寄生者。后来，它们开始制造能量提供给宿主，宿主则以自己的身体为它们提供保护，双方最后谁也离不开谁，形成了"内共生"的关系。从此，一种新的生命形式——单细胞真核生物诞生了。

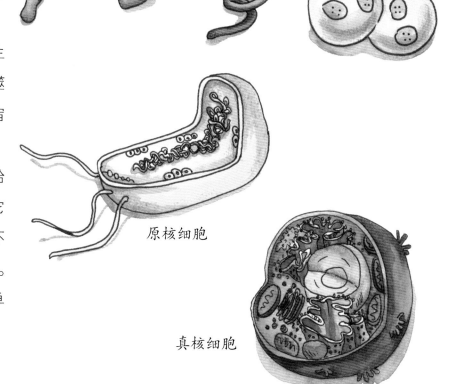

原核细胞

真核细胞

16 亿年前，蓝藻跑到了某种单细胞真核生物体内，由于可以进行光合作用生成糖，蓝藻变成了真核生物的原料工厂，又经过漫长的演化变成了叶绿体，比如最原始的单细胞红藻和单细胞绿藻。

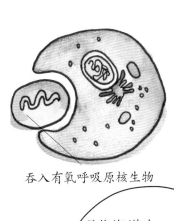

吞入有氧呼吸原核生物

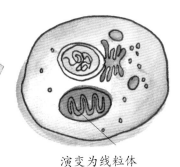

演变为线粒体

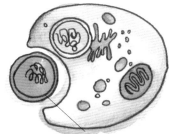

吞入能够光合作用原核生物

内共生过程示意图

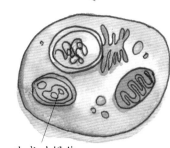

生成叶绿体

现代海洋中，依然有一些单细胞生物能够保留摄入的藻类叶绿体用来进行光合作用，例如有孔虫。

有孔虫从身体伸出丝状的伪足，那是它的捕食工具。

有孔虫的化石

真核生物具有更强的适应性，它们的发展很快就超过更古老的原核生物。在原始单细胞真核生物中，有一些利用叶绿体自产养分，还有以吞噬其他生物为生的猎食者，以及分解者——它们通过分解死去细胞的糖分和纤维来获取营养。后两种单细胞真核生物是动物和真菌的始祖。

藻类迅速在海洋中繁殖起来，无数单细胞藻类组成细胞群体并逐渐增大。群体内部还有了分工：一部分专门负责光合作用生产养分，另一部分则负责营养的运输和储存。久而久之，它们再也不能离开群体独立生活了。

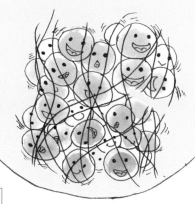

单细胞真核生物逐渐开始聚在一起共同生活。这样使它们能够合力收集更多的食物，活动效率也提高了。

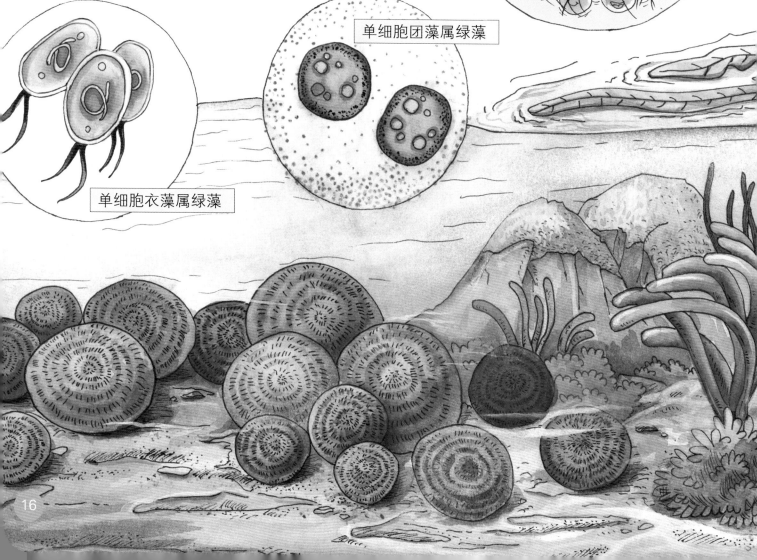

单细胞团藻属绿藻

单细胞衣藻属绿藻

约 10 亿年前，海洋中已是生机勃勃。原核生物不断建造大片的叠层岩，构成了水下的丘陵和沟谷。广阔的浅海中已经有肉眼可见的多细胞藻类随着清澈的海流摇曳起伏，形成水下的"草原"。为吸收更多阳光进行光合作用，一些藻类长出了能抓住礁岩的假根，将身体固定，不再随波逐流。

藻类又是如何产生下一代的呢？原来，它们大多以自我复制的方式来繁殖，脱离母体的新细胞与母亲基本相同。有些藻类在复制过程中出现了"错误"，而初期生命能适应地球环境靠的正是这种"错误"——科学家们称之为"变异"。

　　两个来自不同母体的单细胞生物融合在一起，产生的后代就拥有了来自两方母体的特征。由此，地球上出现了一种完全不同的生殖方式——有性生殖，有性生殖使后代具备更强的生存能力和变异性，从而可更好地适应环境，这意味着地球生命演化的进程从此大大加快。

就好像不论将红色复制多少次也不会得到新的色彩，但红色加上蓝色就会得到紫色？

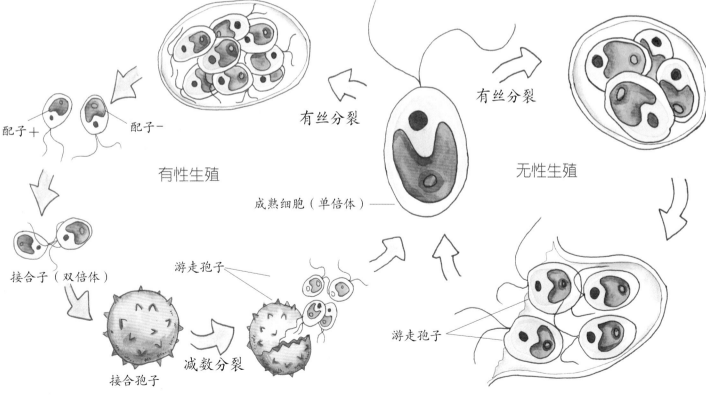

鞭毛

配子＋　　配子－

有丝分裂

有性生殖

有丝分裂

无性生殖

成熟细胞（单倍体）

接合子（双倍体）

游走孢子

接合孢子

减数分裂

游走孢子

藻类植物成为光合作用的主力。不同的藻类具有不同的颜色，造就了五光十色的水底世界。当藻类在水中大放光彩的时候，动物还只是一群很不起眼的小角色，随机捕食一些单细胞浮游生物，或者吞食叠层岩上的蓝藻和其他微生物。

海洋中缤纷的藻类世界

# 缤纷的生命花园

不断增加的氧气让地球再次进入冰期，冰川覆盖了整个地球，此时的地球如同一个大雪球。这次冰封发生在约8亿年前至5.5亿年前，被称为"雪球地球事件"。当地球表面因大规模的火山活动再次温暖起来时，冰河融化，富有营养的融水流入海洋，生命又一次蓬勃发展，动物种类开始增多，地球进入了震旦纪。寂静已久的地球变得热闹极了，像一座生命大花园。

如果从外太空看，处于冰期的地球就像个雪球。

此时地球上的动物为了生存需要从海水中获取氧和食物。对它们来说，最简单快捷的办法就是让身体在海底平摊成薄薄的一片，直接从海水中过滤食物。有的动物体长可达到 1 米以上，形态千奇百怪。

被冰封已久的生命不可遏止地迸发出活力。此时的海洋热闹起来，海水中漂荡着各类原生动物、藻类以及动物的卵。对于当时的动物来说，食物如此丰富，它们只需要舒展身体过滤海水就能吃饱。

温暖的气候、充足的光照，加上取之不尽的二氧化碳，藻类植物空前繁荣，种类丰富，体形更大，它们为各种动物提供了食物和氧气。大多数动植物只是静静地伸展身体，沐浴阳光，极少数动物可以慢吞吞地移动。但是，如此平静的生活也将被打破，一切都将彻底改变。

# 寒武纪大爆发

约 3700 万年后，震旦纪的生物忽然从地球上消失了。距今约 5.4 亿年前，地球生命经历了一场爆发式事件——包括现生海洋生物几乎所有类群的祖先在内的大量生物突然出现。这个地质年代叫作寒武纪，而这次事件被称为"寒武纪大爆发"。

地衣由共生的真菌和藻类共同组成，它们虽然和苔藓植物有相似之处，但它们并不是植物，而且它们比苔藓植物更早登上陆地。岩石会被地衣分泌的酸性物质腐蚀，龟裂碎成细颗粒，一些科学家推断，地球上最早的土壤很可能就是由它们产生的。

地衣

奥陶纪中期，陆地上只有靠近湖泊和河流的地方有一点绿色。在数亿年的登陆历程中，植物改造了陆地，陆地也永远地改变了植物。

河流

# 维管植物诞生

    藻类适应淡水生活的同时，以藻类为食物的各种动物也衍生出来了。到了奥陶纪晚期，河岸边的苔藓之下已经有许多节肢动物。

    距今约 4.4 亿年的奥陶纪末期，地球进入古生代大冰期，生物大量灭绝，大约 85% 的物种从地球上永远消失了。又经过几千万年，地球进入志留纪初期，各类新生的苔藓植物依然生长在靠近水的潮湿地表，河流的浅水区淤泥中生长着轮藻、团藻、丝藻、小球藻等。稍远的地面上长着成片的叶苔和地衣，类似马陆的小型节肢动物在下面爬来爬去。

## 最早的陆地生态系统复原图

苔藓植物和类似马陆的节肢动物构成了一个完整的生态循环。

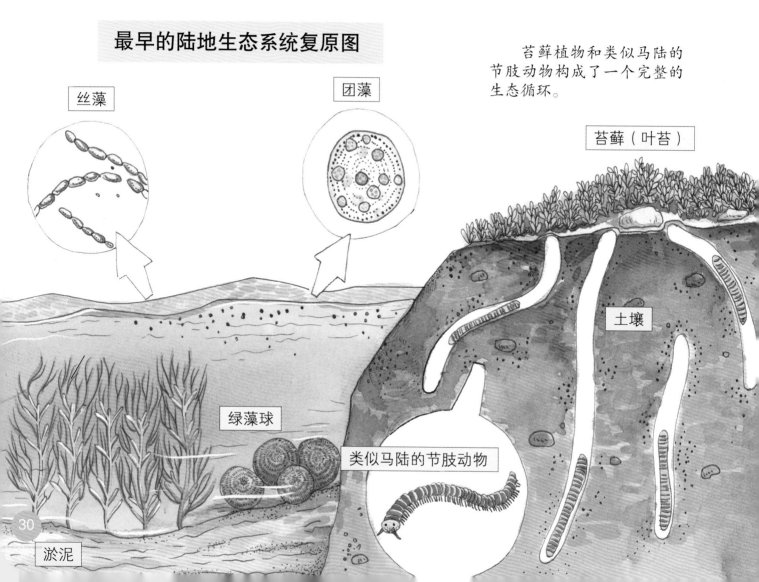

丝藻

团藻

苔藓（叶苔）

绿藻球

土壤

类似马陆的节肢动物

淤泥

志留纪中期，维管植物诞生了，这在地球植物演化进程中具有重大意义。从志留纪结束再到泥盆纪这上亿年当中，地球发生着巨变：板块之间互相推挤使得陆地面积增大，海洋面积缩小，地衣和苔藓不断侵蚀着岩石表面，土壤大面积形成，植物世界产生了更多的类别。

顶囊蕨是已知最早的维管植物，它的出现标志着植物的正式登陆。

泥盆纪风景

维管植物类，如蕨类、裸子植物和被子植物的先锋开始出现，初步形成多样化生态系统。

河

卵石

库克逊蕨

苔藓

31

等等，那些依然留在水里的藻类怎么样了？

# 五光十色的水下丛林

植物登陆的同时，一些大型藻类则在水下形成了茂密的丛林，它们当中既有红藻，也有通过吞噬红藻而诞生的褐藻，以及现在大多生活在淡水中的绿藻。

## 褐藻

一种真核细胞吞了一个蓝藻，把它变成叶绿体，它们进化成了一个整体，最初的红藻和绿藻都是这样诞生的。一种真核细胞吞了一个红藻，于是褐藻诞生了。今天地球上最大的藻类——巨藻就是一种褐藻。

巨藻

巨藻原产于美洲西部以及大洋洲、南非沿岸。它只需要一年就能长到50米，最长的巨藻达到了惊人的500米。它的假根牢牢抓住海底，向上伸出一条强壮的主干，上面平行生出上百张狭长的叶片。巨藻能浮在海面吸收阳光。

# 红藻

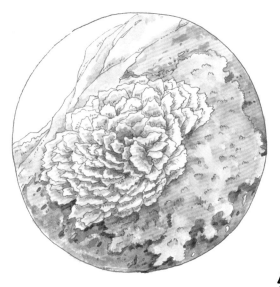

最早的红藻诞生于约 13 亿年前的温暖水域，现在它们大多依然只在热带和亚热带海岸附近生长。由于它们体内除了叶绿素和类胡萝卜素，还有藻红素和藻蓝素，因此红藻可以是红色、紫色或蓝色，色彩非常丰富。红藻大多娇小玲珑，犹如小小的花束，生长在明亮的海水中。

珊瑚藻

珊瑚藻就是红藻的一种，珊瑚藻含有大量碳酸钙，提供珊瑚虫所需的钙，对海洋生态系统有重要的作用。

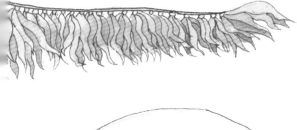

# 绿藻

绿藻几乎包含了藻类进化过程中曾经出现的所有形态，有5000 种以上。绿藻适应环境的能力较强，在江河、湖泊、岩石处都可找到它们的身影，约 10% 的绿藻生活在海洋中。

别担心，它们一直沿着自己的道路在演化，虽然缓慢，但从未停下脚步。

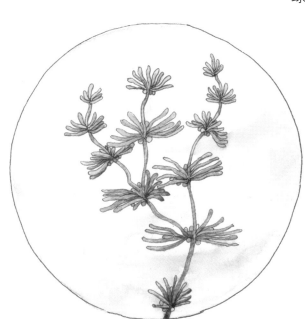

轮藻

轮藻长着类似植物茎的直立中轴，上面按一定间隔长着一轮一轮的分枝。

# 地球氧气制造者

## 硅藻

地球上发生过许多次生物大灭绝事件，不管环境曾经多么恶劣，只要气候恢复平稳温和，浮游藻类很快就会恢复活力，在海水和淡水中大量繁殖起来。正是这种强大的生命力和庞大的数量、微小的体形，帮助浮游藻类度过了一次又一次大灾变。它们制造养分和氧气，帮助水中的动物恢复和发展，整个生态系统才能全面复苏。直到现在，它们仍然是最重要的氧气制造者，制造了大气中约 70% 的氧气。

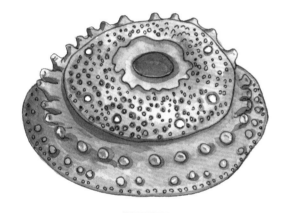

硅藻

所有浮游藻类当中，硅藻数量最多。在世界大洋中，只要有水的地方，一般都有硅藻的踪迹，尤其是在温带和热带海域，淡水和潮湿的土壤中也有不少。硅藻种类繁多，形态多种多样。硅藻细胞外包裹着由大量硅质组成的壳，分为上下两部分。壳面上有着非常精美的纹理，如同透明的水晶盒子。

硅藻

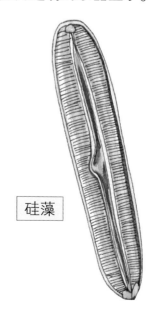

硅藻

硅藻细胞外壳上美妙的纹理，使其表面积增加，从而让硅藻的光合作用更有效率。硅藻死后，外壳会沉于水底，经过亿万年的积累，成为硅藻土。人们将硅藻土开采出来，制造工业用的过滤剂、隔热及隔音材料，等等。

硅藻土

人类开采硅藻土

诺贝尔的实验室

硅藻土还曾经帮助诺贝尔提高了硝化甘油的稳定性，制造出容易处理的固体塑胶炸药。这得归功于硅藻外壳的结构。那些精美的花纹和小孔让硅藻土具有松软、轻盈和吸附能力强的特点，硝化甘油被吸入孔中，就不易和外界碰撞、摩擦，引发爆炸，安全性能大大提高。

# 藻类 与地球环境

从诞生到现在，藻类见证了30亿年的地球历史，也一直以自己的方式影响着世界。以硅藻为代表的浮游藻类是众多生物的主要食物，特别是小鱼小虾。藻类的呼吸不仅影响大气和水中的氧气浓度，甚至能影响云的形成。

小鱼吞食浮游藻类

赤潮

水华

赤潮是海洋中藻类暴发性生长造成的有害现象。引发赤潮的藻类并不一定是红色，所以赤潮也会是黄色、褐色、绿色。淡水中的藻类暴发则被称为"水华"。

## 藻类与氧气

海洋环境如果受到过多的无机物污染，某些藻类就会生长过于旺盛。尽管藻类会让水中的氧气迅速增加，但当它们大面积聚集，挡住了阳光时，下层的植物无法进行光合作用，空气中的氧也就无法进入更深的水中。而随着藻类聚集，增多的浮游生物迅速消耗着水中的氧。而且，藻类和其他浮游生物死亡后被微生物分解，还要再次消耗大量的氧。

# 藻类与人类

对人类来说，藻类和藻类化石可以用于制造炸药、纸张、化妆品、饲料、食品添加剂、药品，可以改善土质、处理污水，也可以用作园艺或水族箱的装饰。但我们最熟悉的用法还是用它们做菜。不光小鱼小虾爱吃藻类，我们人类也没有错过这种营养丰富的美食。不论蓝藻、绿藻、褐藻、红藻，都有人们喜爱食用的种类。

我最喜欢葛仙米和海苔。

海带

海带是我们最熟悉的褐藻。

条斑紫菜

紫菜是我们最常食用的红藻。超市里常见的海苔，就是用紫菜中的条斑紫菜制成的。

葛仙米

虽然乍看状似珍珠奶茶中的"珍珠"，但葛仙米是一种货真价实的蓝藻。在显微镜下才能看清它的真面目——一团胶质中包裹着许多条细丝，每条细丝都是由许多的单个细胞连成的，形似念珠。

鹿角菜

裙带菜

石花菜

孔石莼

# 你可能不知道的真相

## Q1 蓝藻体内有叶绿素吗?

蓝藻体内有光合色素(叶绿素a、叶黄素、胡萝卜素等)和其他蛋白质组成的光合体系。当光线照射到光合体系时,光合色素会吸收光能,并将其转化为化学能。二氧化碳也会通过细胞膜进入光合体系,并在化学能的参与下,转化成有机物(能量)和氧气。

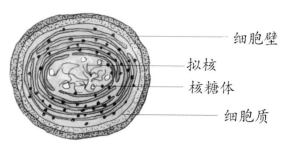

蓝藻细胞模式图

（细胞壁、拟核、核糖体、细胞质）

## Q2 地球的大氧化事件是由哪些因素促成的?

地球大氧化事件是有机界和无机界共同推动的。首先,作为有机物的蓝藻释放了大量氧气;另外,随着地壳运动趋于平缓,地幔黏度变大,运动缓慢了,氧元素就渐渐地能以游离的氧气形式存在于大气中了。

## Q3 震旦纪的藻类是什么样的?

震旦纪的海中分布着各种藻类,有单细胞海藻、多细胞丝状体藻类,还有肉眼可见的大型藻类。在震旦纪,大型藻类迎来了快速的形态分异,并演化出了多种形态的"固着器"(类似根的组织,可以将藻体固定在海底岩石上)。固着器根据形态和功能,可以分为锥形底部、球形、复合球形、圆盘形、拟根状、水平连接状等六种类型,藻类身上出现这么多种固定器,正是这一时期植物快速进化的体现。

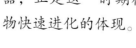

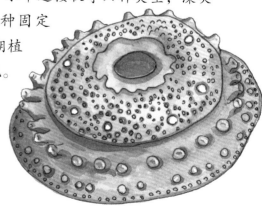

## Q4 苔藓是如何改变陆地环境的？

在植物登陆以前，陆地上只有坚硬的岩石，固定不住任何有机物。大约在 4 亿年前，长着固定器的藻类开始登上近水的陆地，就成了最早征服陆地的植物——苔藓。苔藓死后，身体分解，形成了类似土壤的物质，其中残留的有机物又变成了其他苔藓的营养。就这样一代代苔藓前仆后继，占领的区域越来越广，经过了几亿年的积累，它们制造的土壤层彻底改变了地表环境。

## Q5 植物是怎么进化出维管束的？

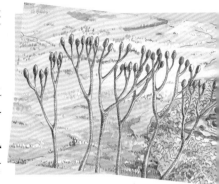

维管束是植物体内的运输管道，根吸收的水分和矿物质要向上运输，顶部合成的营养要向下运输，都要靠这个管道。早期苔藓为了长高，就分化出了一些细胞组成导管，为了支撑这些长长的导管，细胞的细胞壁也开始变硬——这些新形成的结构被称为维管组织，维管组织集合在一起就形成了维管束。

## Q6 为什么古植物的分类不像现代植物这样清楚？

在古植物学中，植物的分类方法和现代植物不同，因为古植物基本都已灭绝，目前考古学界只能根据已有化石整理出其发展脉络。现在人们说的"鳞木""封印木"等都是根据其形态进行的粗略分类。

图书在版编目（CIP）数据

植物起源与藻类演化/ 匡廷云, 郭红卫编; 吕忠平,
谢清霞绘. -- 长春: 吉林出版集团股份有限公司,
2023.11（2024.6重印）
（植物进化史）
ISBN 978-7-5731-4500-0

Ⅰ. ①植… Ⅱ. ①匡… ②郭… ③吕… ④谢… Ⅲ.
①植物—进化—儿童读物 Ⅳ. ① Q941-49

中国国家版本馆CIP数据核字(2023) 第218117号

植物进化史
ZHIWU QIYUAN YU ZAOLEI YANHUA

## 植物起源与藻类演化

编　　者：匡廷云　郭红卫
绘　　者：吕忠平　谢清霞
出品人：于　强
出版策划：崔文辉
责任编辑：金佳音
出　　版：吉林出版集团股份有限公司（www.jlpg.cn）
　　　　　（长春市福祉大路5788号，邮政编码：130118）
发　　行：吉林出版集团译文图书经营有限公司
　　　　　（http://shop34896900.taobao.com）
电　　话：总编办 0431-81629909　　营销部 0431-81629880 / 81629900
印　　刷：三河市嵩川印刷有限公司
开　　本：889mm×1194mm　1/12
印　　张：8
字　　数：100千字
版　　次：2023年11月第1版
印　　次：2024年6月第2次印刷
书　　号：ISBN 978-7-5731-4500-0
定　　价：49.80元
印装错误请与承印厂联系　　电话：13932608211

# 植物进化史

## 专家介绍

### 匡廷云

中国科学院院士 / 中国植物学会理事长

　　中国科学院院士、欧亚科学院院士；长期从事光合作用方面的研究，曾获得中国国家自然科学奖二等奖、中国科学院科技进步奖、亚洲—大洋洲光生物学学会"杰出贡献奖"等多项奖励，被评为国家级有突出贡献的中青年专家、中国科学院优秀研究生导师。

### 郭红卫

长江学者 / 中国植物学会理事

　　国际著名的植物分子生物学专家，长期从事植物分子生物及遗传学方面的研究，尤其在植物激素生物学领域取得突破性成果。2005—2015 年任北京大学生命科学学院教授；2016 年起任南方科技大学生物系讲席教授、食品营养与安全研究所所长。教育部"长江学者"特聘教授，国家杰出青年科学基金获得者，曾获中国青年科技奖、谈家桢生命科学创新奖等重要奖项。